香港百年變變變

創意遊戲

劉斯傑 圖・文

新雅文化事業有限公司
www.sunya.com.hk

請翻開這本書，
　一起從塗塗畫畫中認識香港的百年變化……

小朋友，究竟香港是怎樣由百多年前小小的漁港，發展成為今天的繁華大都會？書中五張維港圖呈現了不同時期較早年的維港面貌，細看各維港圖和香港市貌圖，你會認識香港的百年歷史以及當年的經濟民生。

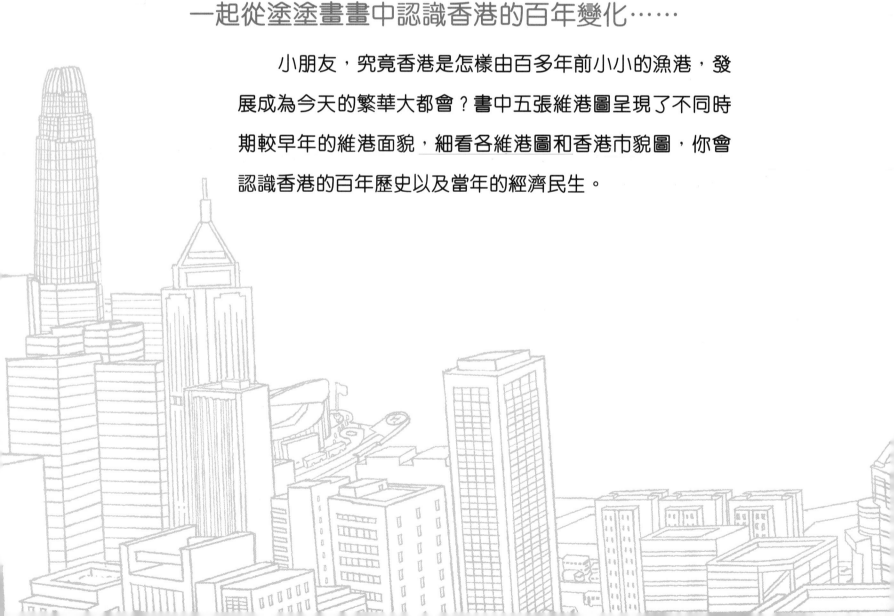

請你為書中的圖畫以及封套內藏的特大維港填色海報填上顏色，並發揮你的無限想像力，完成各個小遊戲，在塗塗畫畫中提升你的創意和培養美感。此外，書的最後還特意設計了一個小遊戲，讓你畫出自己心目中的維港呢！

好，現在我們這個結合「創意‧藝術‧歷史‧通識」的遊戲之旅要開始了，快來跟着記者傑哥哥出發吧！

出發！

一百多年前的香港，維港兩岸還沒有發展，海港非常廣闊！當時很多香港人都是以捕魚為生，他們出海時要靠什麼？請你在圖中畫出來吧！

這艘漁船的帆不見了，請你發揮創意為它畫上帆吧！

看看左圖，你會發現這時期香港有三種常見的交通工具。
猜一猜哪種行走速度最快？把它畫在上面的馬路上吧！

1925-1945年

這時期的維港兩岸已經興建了很多建築物。

可是圖中左邊的建築物不見了，請你和爸媽上網找找資料，
在圖中補畫出符合這個時期風格的建築物吧！

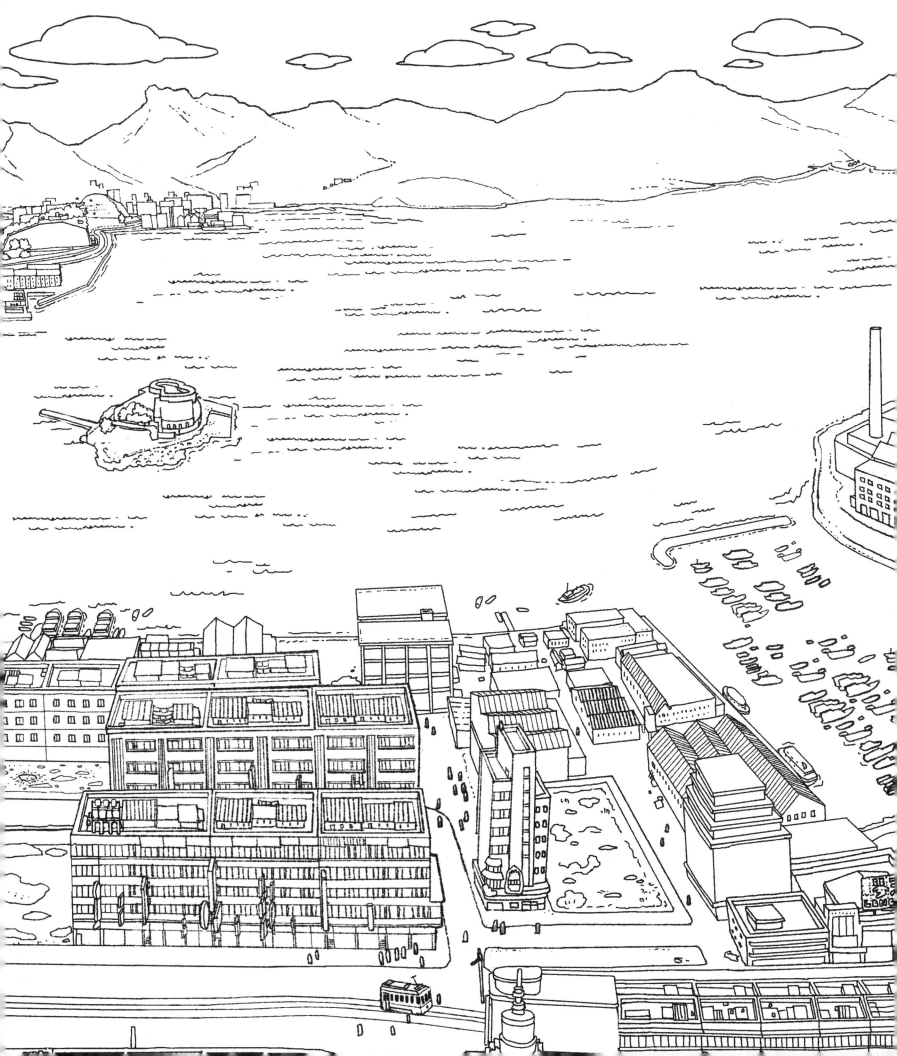

步驟一

步驟二

步驟三

步驟四

留長辮穿長衫是從前香港男士的一種打扮，我們一起來學學怎樣畫出這樣的人吧！

戰爭使這時期的香港人生活非常艱苦，
請你想一想他們生活中會缺乏些什麼？
會需要些什麼？在空白處畫出來吧！

這時期的維港還沒有海底隧道呢！想一想，你會建造一些什麼來幫助當時的人們過海？請你在圖中畫出來吧！

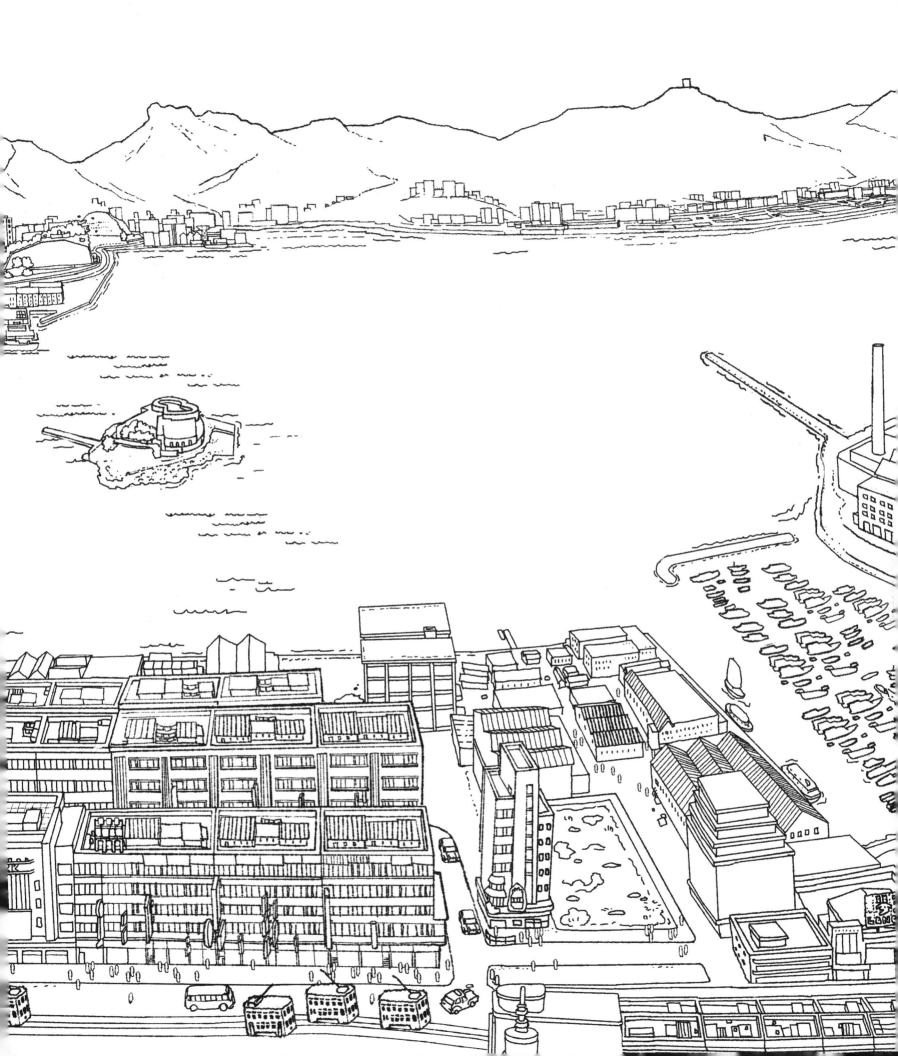

這時期的香港**製造業興旺**，很多婦女都到工廠打工。

請你為這幅圖填上**顏色**吧！

很多到工廠打工的婦女都會用飯壺帶飯吃，你能為她們設計一個飯壺嗎？畫完後，你還可以和爸媽一起上網查查資料，看看那時飯壺流行些什麼款式呢！

1962 年，香港遭受**颱風溫黛**吹襲，造成嚴重的人命和財物損失。請你為這幅圖填上**顏色**吧！

當時香港仍有不少人居住在簡陋的木屋，颱風來襲時他們的房子有可能被吹倒。請你為他們設計一個理想的家吧。

這時期的**香港經濟急速發展**，維港兩岸出現了很多基礎建設。請你在圖中找出天橋、海底隧道入口、機場跑道，並把它們填上顏色吧！

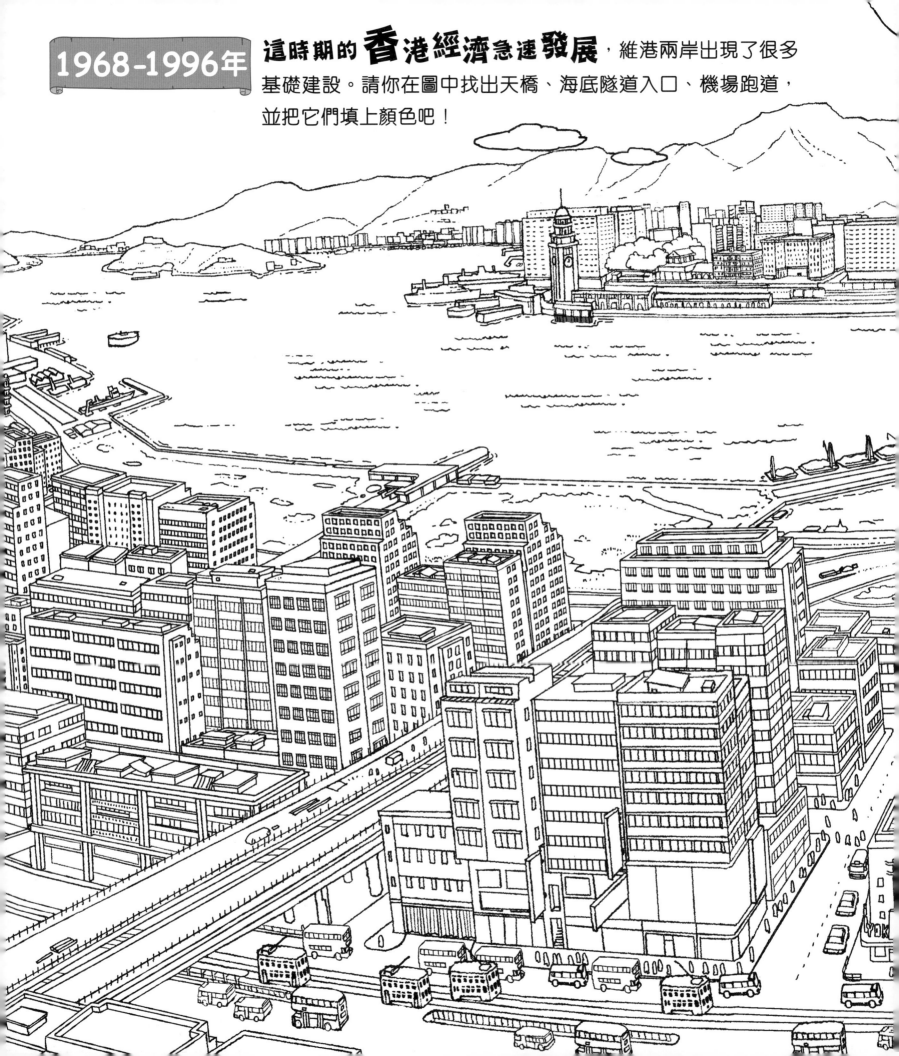

1968-1976年

這時期，**香港**有大量**屋邨**落成，以滿足人們的住屋需要。
請你為這幅圖填上**顏色**吧！

很多住在屋邨的孩子都喜歡跑到樓下的公園玩耍。你心目中的公園和那時候的公園有什麼不同？請你把它畫出來吧！

1997年

1997 年 7 月 1 日 **香港**回歸**祖國**，舉行了盛大的典禮。
請你為這幅圖填上**顏色**吧！

今時今日，**香港**島上的銅鑼灣是個非常熱鬧的**商業區**。
請你為這幅圖填上**顏色**吧！

隨着香港的發展，維港兩岸出現了很多變化。假如讓你回到過去，並負責策劃維港的發展，你希望我們的維港是怎樣的呢？請在下圖中畫出**你心目中的維港**吧！

香港百年變變變創意遊戲

作　　者：劉斯傑

繪　　圖：劉斯傑

策　　劃：尹惠玲

責任編輯：劉慧燕

美術設計：李成宇

出　　版：新雅文化事業有限公司

　　　　　香港英皇道 499 號北角工業大廈 18 樓

　　　　　電話：(852) 2138 7998

　　　　　傳真：(852) 2597 4003

　　　　　網址：http://www.sunya.com.hk

　　　　　電郵：marketing@sunya.com.hk

發　　行：香港聯合書刊物流有限公司

　　　　　香港新界大埔汀麗路 36 號中華商務印刷大廈 3 字樓

　　　　　電話：(852) 2150 2100

　　　　　傳真：(852) 2407 3062

　　　　　電郵：info@suplogistics.com.hk

印　　刷：中華商務彩色印刷有限公司

　　　　　香港新界大埔汀麗路 36 號

版　　次：二〇一五年十月初版

　　　　　10 9 8 7 6 5 4 3 2 1

ISBN: 978-962-08-6427-8